BEI GRIN MACHT SICH IHR WISSEN BEZAHLT

- Wir veröffentlichen Ihre Hausarbeit,
  Bachelor- und Masterarbeit

- Ihr eigenes eBook und Buch -
  weltweit in allen wichtigen Shops

- Verdienen Sie an jedem Verkauf

Jetzt bei www.GRIN.com hochladen
und kostenlos publizieren

Carla Ernstberger

Energiesparhäuser. Vom Bestand zum Passivhaus

Welcher Energiestandard ist für welches Haus der richtige?

GRIN Verlag

Vom Bestand zum Passivhaus

Inhaltsverzeichnis:

Vom Bestand zum Passivhaus

1.   Relevanz des Themas

In den letzten Jahren hat das Thema Energiesparen aufgrund stetig
wachsender Energiekosten, wegen dem näher rückenden Ende fossiler
Ressourcen und der erhöhten Energienachfrage, immer mehr an Bedeutung
gewonnen. [1]

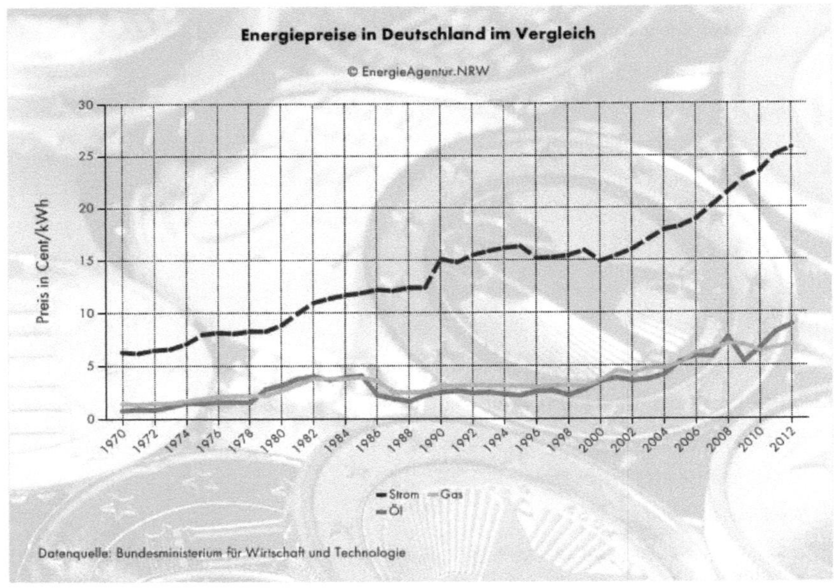

Abbildung 1: Energiepreisentwicklung von 1970 bis 2010 in Deutschland[2]

Doch nicht nur die hohen Kosten für die fossilen Energieträger sind zu einem
Problem geworden, sondern auch der mit ihnen verbundene Ausstoß von
klimaschädlichen Treibhausgasen (vor allem CO_2). Denn diese führen

---

[1] Verbraucherzentrale Bundesverband e.V. (vzbv), Energieteam: Energiesparhäuser, in:
Energieberatung, 4. Auflage, Berlin Februar 2012, http://vorort.bund.net/suedlicher-
oberrhein/energiekrise-oel-gas-uran-kohle.html am 31.03.2013
[2] http://www.energieagentur.nrw.de/infografik/grafik.asp?RubrikID=3131 am 14.02.2013

bewiesenermaßen zu einem Temperaturanstieg unserer Erde.[3] Seit Beginn der Industrialisierung wird deren Konzentration in der Erdatmosphäre immer höher, wodurch sich die Atmosphäre (aufgrund des Treibhauseffekts) unnatürlich stark aufheizt.[4]

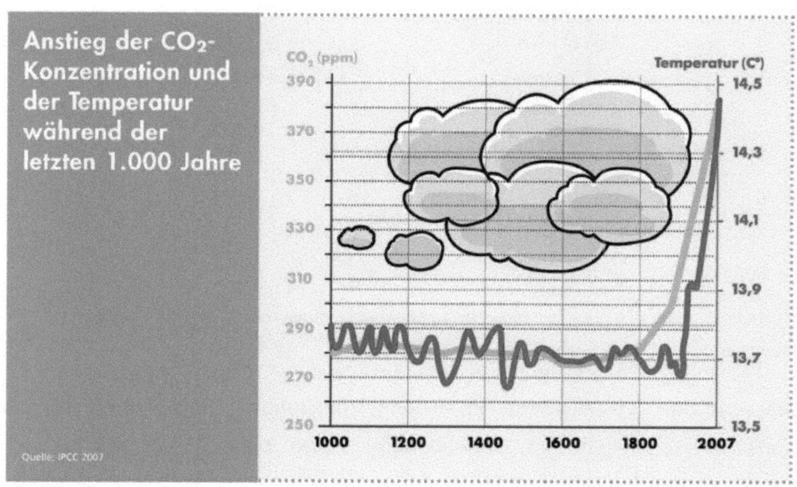

Abbildung 2: Entwicklung der Konzentration von CO_2 und der Temperatur in der Atmosphäre[5]

„Sollte der steigenden Erwärmung in Zukunft nicht Einhalt geboten werden, hat das weitreichende Folgen weltweit."[6]

Zum Schutz des Klimas, müssen in mehreren Lebensbereichen klimaschädliche Einflüsse reduziert oder bestenfalls vermieden werden.

---

[33] Naumer, W., Energiesparend bauen und modernisieren, München 2008, S.9

[4] http://vorort.bund.net/suedlicher-oberrhein/energiekrise-oel-gas-uran-kohle.html am 31.03.2013

[5] http://www.global2000.at/module/media/data/global2000.at_de/content/klima/1000Jahre-CO2undTemperaturANSTIEG.jpg_me/1000Jahre-CO2undTemperaturANSTIEG_lightbox.jpg am 31.03.2013

[6] http://www.google.de/imgres?um=1&hl=de&sa=N&biw=1366&bih=667&tbm=isch&tbnid=7lBY8po1n2iwLM:&imgrefurl=http://www.berliner-energiebuero.de/seiten/umwelt.html&docid=AQXHoizluUpSCM&imgurl=http://www.berliner-energiebuero.de/Bilder/co2-anstieg.png&w=180&h=143&ei=pfpXUaPuFomRswaovlCYBQ&zoom=1&iact=rc&dur=386&page=1&tbnh=114&tbnw=144&start=0&ndsp=19&ved=1t:429,r:4,s:0,i:134&tx=46&ty=55 am 31.03.2013

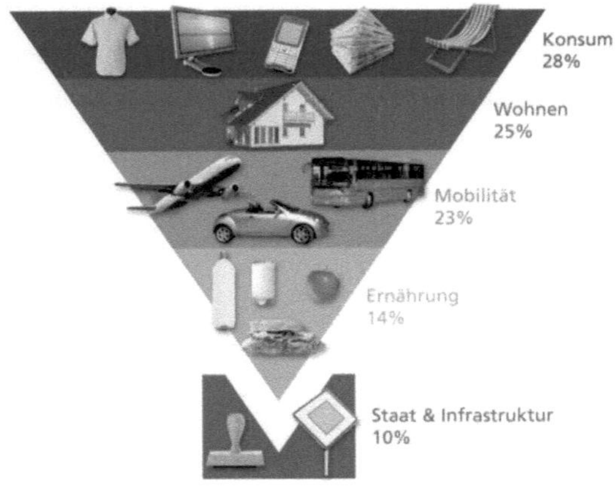

Abbildung 3: Anteile der unterschiedlichen Lebensbereiche an Treibhausgasemissionen in Deutschland[7]

Die meisten Treibhausgasemissionen entstehen durch übermäßiges Konsumverhalten und im Gebäudebereich, wo circa 88 % auf Heizen, Konditionieren der Raumluft und Warmwasseraufbereitung entfallen.[8] Allein im Jahr 2010 betrag der Heizenergieverbrauch Deutschlands durchschnittlich 126 Kilowattstunden pro Quadratmeter Wohnfläche und Jahr (kWh/m^{2}a). Doch vergleicht man diesen Wert mit dem Heizenergieverbrauch vom Jahr 2002, in dem das Erneuerbare Energien Gesetz eingeführt wurde, fällt auf, dass dieser um 22 % gesenkt werden konnte.

> „ ‚Die Ergebnisse zeigen einen positiven Trend in der Entwicklung der Energieeffizienz der Wohngebäude in Deutschland und liefern gleichzeitig den Anreiz, die heute vorhandenen Einsparpotenziale im Bereich der energetischen Gebäudesanierung verstärkt auszuschöpfen' , sagt Dr. Johannes D. Hengstenberg, Geschäftsführer von co2online."[9]

---

[7] http://www.fleischexperten.de/startseite/tierhaltung-und-klimaschutz/ am 31.03.2013
[8] Haas-Arndt, D. et al., Altbauten sanieren, Energie sparen, 2. Auflage, Karlsruhe 2008, S.10, http://www.hallo-klima.de/klimaportal/klimaschutz-was-kann-man-tun/ am 31.03.2013
[9] http://www.haustechnikdialog.de/News/12679/Heizenergieverbrauch-seit-2002-um-22-Prozent-gesunken am 31.03.2013

Denn gerade im Gebäudealtbestand könne durch energetische Modernisierung ein erheblicher Teil zur Entlastung der Umwelt beigetragen werden,[10] da rund 80 % aller Wohngebäude Deutschlands in Zeiten (vor 1977: Einführung der 1. Wärmeschutzverordnung[11]) erbaut wurden, in denen Energiesparen noch keine Bedeutung hatte.

Je nach Baujahr und Gebäudezustand ließen sich durch umfassende Sanierung, Einsparungen von 50 bis 80 % erreichen. Unter geeigneten baulichen Voraussetzungen könne der Heizenergiebedarf sogar auf 1,5 Liter Heizöl (Passivhaus-Standard[12]) pro Quadratmeter und Jahr reduziert werden.[13] Im Moment verbrauchen jedoch lediglich 5 % der deutschen Wohnungen weniger als zehn Liter pro m^2 und Jahr und 95 % bis zu 30 Litern. Bei guter Planung, sei es mittlerweile möglich auch im Bestand einen Verbrauch von weniger als fünf Litern pro m^2a zu erreichen. Somit könne man schon bei einer Energieeinsparung von rund 15 Litern pro m^2a, 50 Milliarden Liter Heizöl und 100 Millionen Tonnen CO_2 einsparen.[14]

Ratgeberseiten im Internet erklären, dass der Bau ein Energiesparhauses und auch energiesparende Maßnahmen an einem bereits vorhandenen Gebäude nicht nur die Umwelt und die eigene Brieftasche, auf längere Zeit gesehen, schonen würden, sondern auch, dass energieeffizientes Bauen vom Staat gefördert werde. [15]

http://www.manager-magazin.de/politik/deutschland/0,2828,884430,00.html

---

[10] Altbauten machen 95 % des CO_2 – Ausstoßes unseres Gebäudebestands aus. Vgl. http://www.willi-lauber.de/willi-lauber/projekte/oekohaus/
[11] Haas-Arndt, D. et al., Altbauten sanieren, Energie sparen, 2. Auflage, Karlsruhe 2008, S.21
[12] Informationen zum Passivhaus-Standard bei 3.4
[13] http://www.willi-lauber.de/willi-lauber/projekte/oekohaus/ am 01.04.2013, Gabriel, I. et al.: Vom Altbau zum Niedrigenergie+ Passivhaus, Gebäudesanierung, Neue Energiestandards, Planung und Baupraxis mit EnEV 2009, 9. Verbesserte Auflage, Staufen bei Freiburg 2010, S.63
[14] Naumer, W., Energiesparend bauen und modernisieren, München 2008, S.10
[15] http://www.focus.de/immobilien/energiesparen/passiv-war-gestern-nullenergiehaeuser-sind-die-zukunft_aid_767630.html 30.01.2013, http://www.immonet.de/service/energiesparhaus.html 30.01.2013

2 Rechtliche Rahmenbedingungen für energetische Aspekte von Gebäuden

Wer mit dem Gedanke spielt, in sein Eigenheim zu investieren, sollte wissen, dass die Bundesregierung durch mehrere staatliche Regelungen energieeffizientes Bauen bzw. Sanieren sowohl in gewisser Hinsicht fordert, als auch fördert.[16]

2.1 Das Erneuerbare-Energien-Gesetz

Im Jahr 2000 wurde das am 1. Januar 1991 in Kraft getretene Stromeinspeisungsgesetz durch das Erneuerbare-Energien-Gesetz (EEG) ersetzt.[17]

Die Intention des neuen Gesetzes sei es, „eine nachhaltige Entwicklung der Energieversorgung in Deutschland" zu erlangen.[18] Genauer gesagt, strebe man bis zum Jahr 2050 einen Anteil von mindestens 80 % der erneuerbaren Energien an der Stromversorgung Deutschlands an, was bedeutet, dass noch ein langer Weg vor uns liegt, denn im Jahr 2012 betrag der Anteil erst 24 %.[19] Wenn man jedoch beachtet, dass der Anteil ein Jahr vor Inkrafttreten des EEGs bei gerade einmal 3,1 % lag, erscheint das hoch gesetzte Ziel doch als realisierbar.[20]

---

[16] Naumer, W., Energiesparend bauen und modernisieren, München 2008, S.14

[17] Letze Novellierung fand am 1. Januar 2012 statt. Vgl. http://www.erneuerbare-energien.de/die-themen/gesetze-verordnungen/kurzinfo/ am 25.03.2012

[18] Bundesministerium für Umwelt, Naturschutz und Reaktorsicherheit (BMU): Erneuerbare Energien, Fragen und Antworten, 3. Auflage, Frankfurt am Main 2012, S.63

[19] http://www.erneuerbare-energien.de/die-themen/gesetze-verordnungen/kurzinfo/ am 25.03.2013

[20] Bundesministerium für Umwelt, Naturschutz und Reaktorsicherheit: Erneuerbare Energien in Zahlen, Nationale und internationale Entwicklung, Paderborn, Juli 2012, S. 15

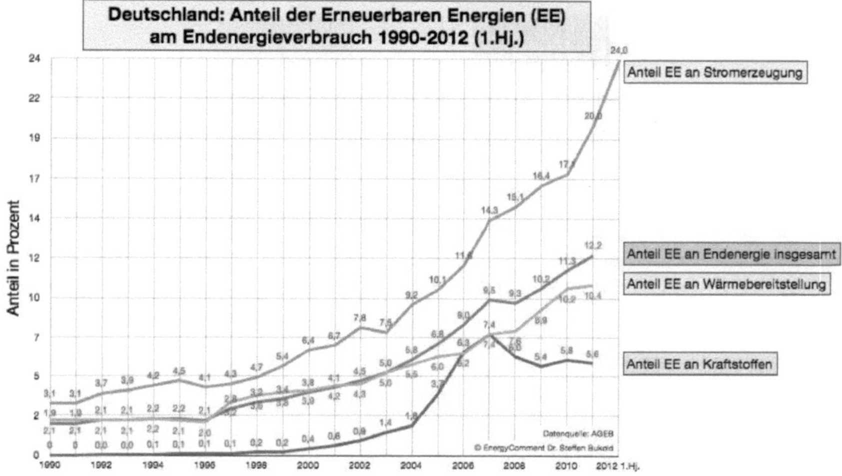

Abbildung 4: Entwicklung der Erneuerbaren Energien am *Endenergieverbrauch* in Deutschland[21]

Unter dem *Endenergieverbrauch* versteht man „den energetisch genutzten Teil des Energieangebots im Inland nach der Umwandlung, der unmittelbar der Erzeugung von Nutzenergie dient.".[22]

Das EEG schreibt nicht nur einen Vorrang der Erneuerbaren Energien bei der Einspeisung in das Stromnetz vor, sondern gewährt auch eine kostendeckende Vergütung für Betreiber solcher Anlagen über einen Zeitraum von 20 Jahren. Gefördert werden hierbei auch Privatpersonen, die beispielsweise eine Photovoltaikanlage auf dem Dach haben oder an genossenschaftlichen Projekten beteiligt sind. Die Höhe der Vergütung ist von der jeweiligen Energieerzeugungsart abhängig. Die daraus entstehenden Mehrkosten für die Verbraucher sind durch ein Umlageverfahren ebenfalls in dem Gesetz geregelt.[23]

---

[21] Abbildung entnommen aus http://www.energiepolitik.de/erneuerbare-energien-anteil-an-endenergie-1990-2012/ am 25.03.2013

[22] Bundesministerium für Umwelt, Naturschutz und Reaktorsicherheit: Erneuerbare Energien in Zahlen, Nationale und internationale Entwicklung, Paderborn, Juli 2012, S.123

[23] Bundesministerium für Umwelt, Naturschutz und Reaktorsicherheit (BMU): Erneuerbare Energien, Fragen und Antworten, 3. Auflage, Frankfurt am Main 2012, S.63, 65, Bundesministerium für Umwelt,

Damit ist das EEG „Im Strombereich [...] das zentrale Instrument zur Förderung Erneuerbarer Energien. ".[24]

2.2   Das Erneuerbare-Energien-Wärmegesetz

Das im Jahr 2009 erlassene Erneuerbare-Energien-Wärmegesetz, zielt darauf hin, im Jahr 2020, mindestens 14 % des Wärme- und Kälteenergiebedarfs durch erneuerbare Energien bereitzustellen.[25]

Dies wolle man dadurch erreichen, indem man Eigentümern neuer Gebäude oder bei deren umfangreichen Sanierung dazu verpflichtet, einen bestimmen Prozentsatz ihres Wärme- (und Kältebedarfs) durch die Nutzung erneuerbarer Energietechnologien abzudecken.[26] Diese Nutzungspflicht wurde durch eine Novelle im Jahr 2011 auch auf (bestehende) öffentliche Gebäude, „die im Eigentum der öffentlichen Hand stehen." ausgedehnt, um ein Vorbild für die Bevölkerung darzustellen.[27]

2.3   Energieeinsparungsgesetz (EnEG 2009)

Das Energieeinsparungsgesetz wurde 1976 zur Reduzierung der Energieverschwendung in Gebäuden erlassen, damit die Bundesrepublik Deutschland unabhängiger von Energieimporten wird. Es hat zwar keine unmittelbare Wirkung auf die Bürger, gewährt der Bundesregierung jedoch Verordnungen auf Basis des EnEG zu erlassen.[28]

Naturschutz und Reaktorsicherheit: Erneuerbare Energien in Zahlen, Nationale und internationale Entwicklung, Paderborn, Juli 2012, S.123
[24]http://www.erneuerbare-energien.de/die-themen/gesetze-verordnungen/kurzinfo/ am 25.03.2012

[26]„Der Prozentsatz ist abhängig von der Energieform." Entnommen von http://www.bmu.de/service/publikationen/downloads/details/artikel/das-erneuerbare-energien-waermegesetz/ am 26.03.2012
[27] Bundesministerium für Umwelt, Naturschutz und Reaktorsicherheit (BMU): Erneuerbare Energien, Fragen und Antworten, 3. Auflage, Frankfurt am Main 2012, S.66, 67, http://www.bmu.de/service/publikationen/downloads/details/artikel/das-erneuerbare-energien-waermegesetz/ am 26.03.2012, Naturschutz und Reaktorsicherheit: Erneuerbare Energien in Zahlen, Nationale und internationale Entwicklung, Paderborn, Juli 2012, S.123, http://www.erneuerbare-energien.de/die-themen/gesetze-verordnungen/kurzinfo/ am 26.03.2013
[28]http://www.bbsr.bund.de/nn_1024924/EnEVPortal/DE/Archiv/EnEG/eneg__node.html?__nnn= true am 02.04.2013, http://www.energie-wissen.info/energiegesetze/energieeinsparungsgesetz.html am 02.04.2013

2.4   Energieeinsparverordnung

Die Energieeinsparverordnung (EnEV) gehört zum deutschen Baurecht und ist beim Bau eines neuen Hauses oder einer grundlegenden Sanierung unbedingt zu beachten. Aufgrund ihres Zieles, den Energiebedarf für Warmwasser und Heizung im Gebäudebereich um 30 % zu senken, schreibt sie Bauherren vor, bestimmte Standards zur Heizungstechnik und zum Wärmeschutz zu beachten.[29]

Die aktuell geltende EnEV stammt aus dem Jahr 2009 und regelt die bautechnischen Anforderungen für Wohnhäuser, Bürogebäude und bestimmte Betriebsgebäude.

Kernelemente der EnEV 2009:

1. energetische Mindestanforderungen für Neubauten:
   - das Einhalten des maximalen Transmissionswärmeverlusts (H'_T) für die den beheizten Raum umschließende Hüllfläche

Gebäudetyp	freistehendes Wohngebäude	freistehendes Wohngebäude	einseitig angebautes Wohngebäude	Reihenmittelhaus und sonstige Wohngebäude
Nutzfläche A_N	< 350 m^2	> 350 m^2	individuell	individuell
max. H'_T	0,40 W/(m^{2}K)	0,50 W/(m^{2}K)	0,45 W/(m^{2}K)	0,65 W/(m^{2}K)

Tabelle 1: Maximal zulässigen Werte je nach Gebäudetyp und Nutzfläche[30]

---

[29] Wörlen, C.: Erneuerbare Energien, Wissen, was stimmt, Freiburg im Preisgau 2010, S.76, Jürgen Petermann: ENERGIE ZUKUNFT, EFFIZIENZ UND ERNEUERBARE ENERGIEN IM WÄRMESEKTOR, 2. Auflage, Hamburg 2010, S.203, Haas-Arndt, D. et al., Altbauten sanieren, Energie sparen, 2. Auflage, Karlsruhe 2008, S.21
[30] Tabelle erstellt nach Angaben aus Gabriel, I. et al.: Vom Altbau zum Niedrigenergie+ Passivhaus, Gebäudesanierung, Neue Energiestandards, Planung und Baupraxis mit EnEV 2009, 9. Verbesserte Auflage, Staufen bei Freiburg 2010, S.49, http://www.energie-bildung.de/neubau-enev-d.phtml am 02.04.2013

oder das Erfüllen der Vorgaben an die Dämmung der Außenbauteile (*U-Werte* pro Quadratmeter Wand-, Dach-, Fenster-, und Kellerdeckenfläche)[31]

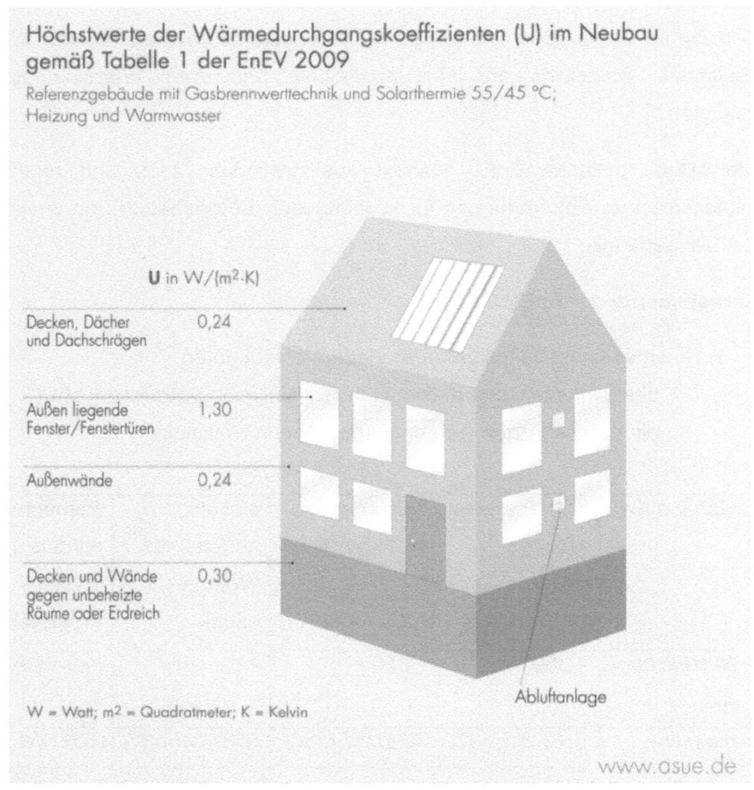

Abbildung 5: Höchstwerte der Wärmedurchgangskoeffizienten bei Neubauten[32]

---

[31] Der U-Wert (k-Wert) gibt die Energiemenge in Watt pro Quadratmeter an, die in einem bestimmten Zeitraum durch ein Bauteil dringt. Die Wärmedämmung ist umso effizienter, je kleiner der U-Wert ausfällt. Vgl. http://www.thema-energie.de/service/energie-glossar.html?tx_datamintsglossaryindex_pi1%5Buid%5D=135 am 28.03.2013

[32] http://www.ibmarquardt.de/Bilder/grafik-09c-2009-004_f.jpg am 06.04.2013

- das Einhalten der jeweiligen Höchstgrenze des *Jahresprimärener-giebedarfs*,[33] welche mit dem Referenzgebäudeverfahren zu ermitteln ist (für ein durchschnittliches Einfamilienhaus liegt der Wert bei 65 kWh pro Quadratmeter und Jahr)
- Nutzung erneuerbarer Energieträger (zu einem bestimmten Teil) oder Unterschreitung der Anforderungen der EnEV mindestens um 15 %

2. energetischen Mindestanforderungen für grundlegenden Sanierungen (=„Umbau, Ausbau oder Erweiterung bestehender Gebäude")[34]

3. Nachrüstverpflichtungen bei Altbauten:
   - das Ersetzten von 30 Jahre alten oder älteren Heizungsanlagen durch effiziente Heizungsanlagen bis spätestens 2020
   - Dämmung von Leitungen, sofern sich diese nicht in beheizten Räumen befinden
   - Dämmung oberster Geschossdecken, wenn der Wärmedurch-gangskoeffizient *(U-Wert)* über 0,24 W/(m^{2}K) liegt[35]
   - Nachrüstung von Kühl- und Raumlufttechnik[36]

Wenn bei einer Überprüfung (beispielsweise durch einen Schornsteinfeger) Verstöße gegen die Vorschriften der EnEV auffallen, kommt es zu einem Bußgeldverfahren.[37]

Außerdem müssen alle Verkäufer und Vermieter einer Immobilie, egal ob von Wohn- oder Nichtwohngebäuden, ihren Kaufinteressenten ein Dokument, den

---

[33] Unter dem *Primärenergiebedarf* versteht man die Energiemenge, die benötigt wird, um den Energiebedarf zu decken. Dabei betrachtet man nicht nur die Energiemenge, die auf Rechnung aufgeführt ist („Endenergie"), sondern auch die Energieverluste, die bei der Gewinnung (Förderung, Energieumwandlung, Transport) entstehen.

Vgl. Petermann, J., Energie Zukunft, Effizienz und erneuerbare Energien, 2.Auflage, Hamburg 2010, S. 210, Bundesministerium für Umwelt, Naturschutz und Reaktorsicherheit: Erneuerbare Energien in Zahlen, Nationale und internationale Entwicklung, Paderborn 2012, S.123, 126, http://www.baunetzwissen.de/glossarbegriffe/Nachhaltig-Bauen-Primaerenergiebedarf-QP_664168.html am 27.03.2013

[34] http://www.office03.de/energie_info.htm 28.03.2013

[35] Der *U-Wert* (k-Wert) gibt die Energiemenge in Watt pro Quadratmeter an, die in einem bestimmten Zeitraum durch ein Bauteil dringt. Die Wärmedämmung ist umso effizienter, je kleiner der U-Wert ausfällt. Vgl. http://www.thema-energie.de/service/energie-glossar.html?tx_datamintsglossaryindex_pi1%5Buid%5D=135 am 28.03.2013

[36] Haas-Arndt, D. et al., Altbauten sanieren, Energie sparen, 2. Auflage, Karlsruhe 2008, S.24

[37] http://www.niedrigenergiehaus-bauen.info/energieeinsparverordnung.html am 26.03.2012, http://www.bmvbs.de/cae/servlet/contentblob/34852/publicationFile/1045/enev-2009-wichtige-aenderungen-im-ueberblick.pdf am 27.03.2013

sogenannten „Energieausweis", vorlegen, welches einen Einblick in die Energieeffizienz der jeweiligen Immobilie gewährt.[38]

Energieausweis

Da die wenigsten wissen, wie hoch der Energieverbrauch von Heizung und Warmwasser im Haus ist, schreibt der Gesetzgeber seit 2009 vor, dass jede Immobilie, die verkauft oder vermietet werden soll, einen eigenen Energieausweis hat. So lasse sich bei der Wohnungssuche ungefähr abschätzen, mit welchen Kosten man künftig für Heizung und Warmwasser rechnen müsse.[39] In Zeiten steigender Energiekosten kann dies eine wichtige Entscheidungshilfe sein.

Es gibt 2 Versionen des Energieausweises:

1. Den *Bedarfsausweis* ermitteln Fachleute mithilfe von objektiven Kriterien, wie der Qualität der Gebäudehülle, der Isolierung der Fenster oder der Heizungstechnik. Die so ermittelten „[…]Werte geben Auskunft über den energetischen Zustand des Gebäudes und lassen Rückschlüsse auf die zu erwartenden Nebenkosten und die CO_2-Emissionen zu."[40]
2. Der *Verbrauchsausweis* errechnet sich aus dem durchschnittlichen Energieverbrauch von den vorherigen Bewohnern der letzten drei Jahre und ist somit auch stark vom Nutzerverhalten abhängig.

Beide Ausweise dürfen jedoch nur von Fachmännern wie, Architekten, Ingenieurbüros oder Energieversorgern, ausgestellt werden. Auch wenn das Erstellenlassen eines solchen Dokuments nicht kostenlos ist, lohnt es sich, denn den Wert eines energetisch optimierten Hauses steigt und lässt sich später leichter verkaufen oder vermieten.[41]

---

[38] http://www.immobilienscout24.de/de/umbau/energieeffizienz/energieausweis/index.jsp am 27.03.2013
[39] Jürgen Petermann: ENERGIE ZUKUNFT, EFFIZIENZ UND ERNEUERBARE ENERGIEN IM WÄRMESEKTOR, 2. Auflage, Hamburg 2010, S.202, 203, Wörlen, C.: Erneuerbare Energien, Wissen, was stimmt, Freiburg im Preisgau 2010, S.77
[40] Gabriel, I. et al.: Vom Altbau zum Niedrigenergie+ Passivhaus, Gebäudesanierung, Neue Energiestandards, Planung und Baupraxis mit EnEV 2009, 9. Verbesserte Auflage, Staufen bei Freiburg 2010, S. 56
[41] Ergänzung: Der Bedarfsausweis kostet circa 119 Euro, der Verbrauchsausweis circa 39 Euro. Vgl. http://www.energieausweis-vorschau.de/ am 27.03.2013, Naumer, W., Energiesparend bauen und modernisieren, München 2008, S.22, 23

Der Energieausweis besteht aus mehreren Seiten. Auf der ersten Seite stehen allgemeine Angaben, wie der Gebäudetyp, die Adresse, das Baujahr, das Baujahr der Anlagentechnik oder ob eventuell erneuerbare Energietechnologien eingesetzt werden. Auf der zweiten Seite befindet sich bei Einfamilienhäusern und Wohnhäusern mit bis zu vier Wohnungen der bedarfsorientierte Ausweis, sofern das Haus noch vor der ersten Wärmeschutzverordnung im Jahr 1977 errichtet wurde. Bei Gebäuden mit mehr als vier Wohnungen oder Häusern die nach 1977 gebaut wurden hingegen, ist auch der Verbrauchsausweis zugelassen, da davon auszugehen ist, dass sich die verschiedenen Energienutzungsverhalten der Bewohner untereinander ausgleichen.[42] Die nächsten beiden Seiten beinhalten Erklärungen zu Fachbegriffen und mögliche Modernisierungsmaßnahmen, die helfen könnten, die Energiekosten des Gebäudes zu senken und somit das Klima zu schonen. [43]

Die auf dem Energieausweis abgebildete Farbskala gibt den Energiebedarf (oder -verbrauch) für Warmwasser und Heizung in kWh pro m^2a an.[44] Je weiter dieser im grünen Bereich liegt, desto besser ist die Energieeffizienz der Immobilie.[45]

---

[42] Ein Energieausweis kann auch den bedarfs- und verbrauchsorientierten Ausweis enthalten. Vgl. http://energieausweis-fuer-wohngebaeude.de/ am 27.03.2013

[43] Wörlen, C.: Erneuerbare Energien, Wissen, was stimmt, Freiburg im Preisgau 2010, S.77, Jürgen Petermann, ENERGIE ZUKUNFT, EFFIZIENZ UND ERNEUERBARE ENERGIEN IM WÄRMESEKTOR, 2. Auflage, Hamburg 2010, S.202, 203, Gabriel, I. et al.: Vom Altbau zum Niedrigenergie+ Passivhaus, Gebäudesanierung, Neue Energiestandards, Planung und Baupraxis mit EnEV 2009, 9. Verbesserte Auflage, Staufen bei Freiburg 2010, S. 56, 57, http://www.immobilienscout24.de/de/umbau/energieeffizienz/energieausweis/aussehen-energieausweis.jsp am 27.03.2013, http://www.youtube.com/watch?v=-FXsW1FBTe4 am 27.03.2013

[44] Haas-Arndt, D. et al., Altbauten sanieren, Energie sparen, 2. Auflage, Karlsruhe 2008, S.26

[45] http://www.immobilienscout24.de/de/umbau/energieeffizienz/energieausweis/energieausweiss kala.jsp am 27.03.2013

ENERGIEAUSWEIS für Wohngebäude

gemäß den §§ 16 ff. Energieeinsparverordnung (EnEV)

Berechneter Energiebedarf des Gebäudes

Martinstraße 38-40, 63512 Hainburg 

Energiebedarf

CO_2-Emissionen[1] 21 [kg/(m²·a)]

Endenergiebedarf

82 kWh/(m²·a)

92 kWh/(m²·a)

Primärenergiebedarf "Gesamtenergieeffizienz"

Anforderungen gemäß EnEV[2]

Primärenergiebedarf

Ist-Wert   kWh/(m²·a)   Anforderungswert   kWh/(m²·a)

Energetische Qualität der Gebäudehülle H'_T

Ist-Wert   W/(m²·K)   Anforderungswert   W/(m²·K)

Sommerlicher Wärmeschutz (bei Neubau) ☐ eingehalten

Für Energiebedarfsberechnungen verwendetes Verfahren

☒ Verfahren nach DIN V 4108-6 und DIN V 4701-10

☐ Verfahren nach DIN V 18599

☐ Vereinfachungen nach § 9 Abs. 2 EnEV

Endenergiebedarf

Energieträger	Jährlicher Endenergiebedarf in kWh/(m²·a) für			Gesamt in kWh/(m²·a)
	Heizung	Warmwasser	Hilfsgeräte[4]	
Erdgas H	59,6	21,4	0,0	81,1
Strom-Mix	0,0	0,0	1,1	1,1

Ersatzmaßnahmen[3]

Anforderungen nach § 7 Nr. 2 EEWärmeG

☐ Die um 15 % verschärften Anforderungswerte sind eingehalten.

Anforderungen nach § 7 Nr. 2 i. V. m. § 8 EEWärmeG

Die Anforderungswerte der EnEV sind um   % verschärft.

Primärenergiebedarf

Verschärfter Anforderungswert: kWh/(m²·a)

Transmissionswärmeverlust H'_T

Verschärfter Anforderungswert: W/(m²·K)

Vergleichswerte Endenergiebedarf

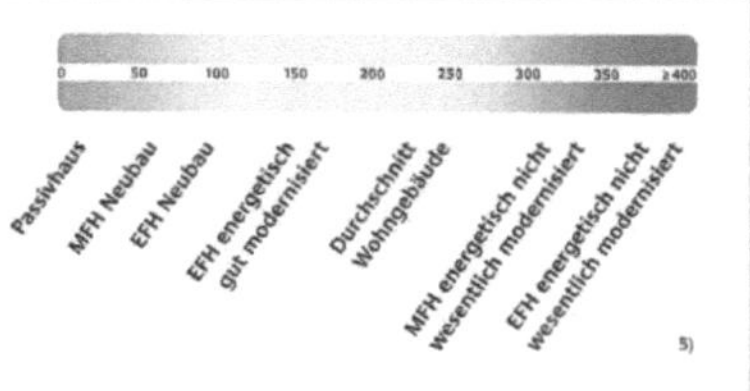

Erläuterungen zum Berechnungsverfahren

Die Energieeinsparverordnung lässt für die Berechnung des Energiebedarfs zwei alternative Berechnungsverfahren zu, die im Einzelfall zu unterschiedlichen Ergebnissen führen können. Insbesondere wegen standardisierter Randbedingungen erlauben die angegebenen Werte keine Rückschlüsse auf den tatsächlichen Energieverbrauch. Die ausgewiesenen Bedarfswerte sind spezifische Werte nach der EnEV pro Quadratmeter Gebäudenutzfläche (A_N).

1) Freiwillige Angabe   2) bei Neubau sowie bei Modernisierung im Fall des § 16 Abs. 1 Satz 2 EnEV   3) nur bei Neubau im Falle der Anwendung von § 7 Nr. 2 Erneuerbare-Energien-Wärmegesetz   4) Ggf. einschließlich Kühlung   5) EFH: Einfamilienhäuser, MFH: Mehrfamilienhäuser

Abbildung 3: Ausschnitt aus einem Energieausweis[46]

---

[46] Eigenaufnahme am 27.03.2013

3. Arten von Energiesparhäusern

Vor wenigen Jahren noch, sprach man von einem Energiesparhaus, wenn die Bauweise besonders effizient und ökologisch war. Mittlerweile müssen jedoch alle Häuser als energiesparend errichtet werden, da dies durch gesetzliche Grundlagen (siehe EnEV) vorgeschrieben ist.[47]

Längst gibt es Hauskonzepte, die noch mehr Energie für Warmwasser und Heizung einsparen als es gesetzlich vorgeschrieben ist. Solche bezeichnet man als Energiesparhäuser.[48] Doch der Begriff Energiesparhaus ist nur ein Oberbegriff, worunter die Häuser nach ihren jeweiligen „Effizienz-Standards" in folgende Arten von Energiesparhäusern eingeteilt sind: [49]

- Niedrigenergiehaus
- KfW-Effizienzhaus 40, 55, 70, 85
- 3-Liter-Haus
- Passivhaus
- Nullenergiehaus
- Plusenergiegebäude[50]

Oftmals würden diese Begriffe jedoch ausgenutzt, damit sich die Häuser besser verkaufen lassen. Daher ist es wichtig zu wissen, was man unter den einzelnen Standards versteht und inwiefern sie sich voneinander unterscheiden.[51]

Kriterium für die Unterteilung in die unterschiedlichen energetischen Qualitätsniveaus ist der Primärenergiebedarf in Kilowattstunden pro Quadratmeter Wohnfläche und Jahr und der „Wärmeverlust durch Außenbauteile aufgrund der Wärmeleitung" (Transmissionswärmeverlust).[52]

---

[47] http://www.energiesparhaus-ratgeber.de/energiestandards/was-ist-ein-energiesparhaus-energiestandards-und-energiebedarf-von-hausern-gebauden.php am 01.02.2013

[48] http://www.energiesparhaus-bauen.com/ am 01.02.2013, Naumer, W., Energiesparend bauen und modernisieren, München 2008, S.59

[49] http://www.energiesparhaus-bauen.com/ am 01.02.2013

[50] Unterteilung nach: W. Feist: Niedrigenergiehäuser, Wissenswerte Grundlagen zur Planung und Funktion in: Energiesparinformationen vom 11.2012, Seite 16, f.

[51] Verbraucherzentrale Bundesverband e.V. (vzbv), Energieteam: Energiesparhäuser, in: Energieberatung, 4. Auflage, Berlin Februar 2012

[52] Verbraucherzentrale Bundesverband e.V. (vzbv), Energieteam: Energiesparhäuser, in: Energieberatung, 4. Auflage, Berlin Februar 2012, http://www.enev-

3.1   Das Niedrigenergiehaus

Was früher als „Niedrigenergiehaus" galt, „erfüllt seit Inkrafttreten der [neuen] Energieeinsparverordnung [...]   [von] 2009[, lediglich] die verschärften Mindestanforderungen [...] [an einen Neubau]."[53] Doch „Wer zukunftsfähig bauen will, ist gut beraten, den aktuellen gesetzlichen Standard deutlich zu übertreffen.", denn in Zeiten stetig wachsender Energiekosten und drohender Klimakatastrophen können mithilfe optimierter „Niedrigenergiehäuser" die Ausgaben für Warmwasser und Heizung weiter gesenkt werden.[54]

Daher verleiht die Gütegemeinschaft energieeffiziente Gebäude e.V. ihr RAL-Gütezeichen   für   eine   Niedrigenergiebauweise   nur   Häusern,   deren Transmissionswärmeverlust mindestens 30 % niedriger ist als in der EnEV vorgeschrieben ist.[55] Außerdem ist in vielen Büchern und im Internet der maximale Heizwärmebedarf eines Niedrigenergiehauses definiert. Dieser müsse je nach Kompaktheit des Gebäudes zwischen 30 und 70 kWh/m²a liegen.[56]

Die bauliche Umsetzung vom Niedrigenergiehaus-Standard sei sowohl im Neubau, als auch bei allen umfangreichen Sanierungen problemlos durchführbar. Denn ein guter Wärmeschutz, eine hocheffiziente Heizungsanlage und möglichst geringe Verluste bei der Umwandlung, Bereitstellung, Verteilung und Regelung von Warmwasser ließen die Heizenergiekennwerte auf 70 bis 30 kWh/m²a senken.[57] Richtwerte für den Wärmeschutz eines Niedrigenergiehauses sind U-Werte von weniger als 0,15 U

---

online.org/enev_2009_volltext/enev_2009_anlage_01_anforderungen_an_ wohngebaeude.pdf am 17.02.2013
[53] http://www.thema-energie.de/bauen-modernisieren/neu-bauen/energiesparhaeuser/energiesparhaeuser.html am 29.03.2013
[54]Verbraucherzentrale Bundesverband e.V. (vzbv), Energieteam (2012): Energiesparhäuser, http://www.focus.de/immobilien/energiesparen/passiv-war-gestern-nullenergiehaeuser-sind-die-zukunft_aid_767630.html am 14.02.2013
[55] http://www.effiziente-gebaeude.de/ am 29.03.2013, http://www.oekologisch-bauen.info/hausbau/energiestatus/niedrigenergiehaus.html am 29.03.2013
[56] Naumer, W., Energiesparend bauen und modernisieren, München 2008, S.60, Haas-Arndt, D. et al., Altbauten sanieren, Energie sparen, 2. Auflage, Karlsruhe 2008, S.28, http://www.guidobauersachs.de/referate/niedrig.htm am 06.04.2013, http://www.das-energieportal.de/wohneigentuemer/niedrigenergiehaus/ am 1.04.2013, http://www.nibis.de/~ruzeldag/ruz06.pdf am 06.04.2013
[57] http://www.effiziente-gebaeude.de/ am 06.04.2013, Naumer, W., Energiesparend bauen und modernisieren, München 2008, S.60

am Dach, weniger als 0,20 U an den Außenwänden, weniger als 0,25 am Grund und weniger als 1,2 U an den Fenstern.[58]

3.2   Das KfW-Effizienzhaus 40, 55, 70, 85

Das KfW-Effizienzhaus ist ein technischer Standard, der sich an den Förderrichtlinien der KfW-Bankengruppe orientiert.[59] Entwickelt wurde dieses Qualitätszeichen von der Deutschen Energie-Agentur GmbH, dem Bundesministerium für Verkehr, Bau und Stadtentwicklung und der KfW-Bankengruppe selbst. Das Ziel des *Förderprogramms* sei es,[60] Bauherren und Käufer bei der Errichtung bzw. dem Ersterwerb eines besonders energieeffizienten Gebäudes oder der energetischen Sanierung von *Bestandsgebäuden* bei der Finanzierung zu unterstützen (Energiesparende Maßnahmen an Ferien-und Wochenendhäusern bzw. -wohnungen werden jedoch nicht gefördert.[61]).[62] Damit wolle man eine zinsgünstige langfristige Finanzierung anbieten und somit Energie einsparen und gleichzeitig den CO_2-Ausstoß reduzieren.[63]

Abb. 3: Logo der KfW-Bankengruppe (Kreditanstalt für Wiederaufbau)[64]

---

[58] http://www.nibis.de/~ruzeldag/ruz06.pdf am 06.04.2013, http://www.waerme-plus.de/bauwissen/das-niedrigenergiehaus am 06.04.2013
[59] Haas-Arndt, D. et al., Altbauten sanieren, Energie sparen, 2. Auflage, Karlsruhe 2008,S.29
[60] Dieses Förderprogramm findet im Rahmen des CO_2- Gebäudesanierungsprogramm statt.
[61] http://www.kfw.de/kfw/de/I/II/Download_Center/Foerderprogramme/versteckter_Ordner_fuer_PDF/600000 2243_M_153.pdf 13.02.2013
[62] Diese Förderung bezieht sich nur auf Bestandsgebäude, deren Bauanzeige bzw. Bauantrag vor dem 1.1.1995 gestellt wurde. Vgl. http://www.kfw.de/kfw/de/I/II/Download_Center/Foerderprogramme/versteckter_Ordner_fuer_PDF/6000002643_M_151_152.pdf
[63] http://www.kfw.de/kfw/de/I/II/Download_Center/Foerderprogramme/versteckter_Ordner_fuer_PDF/60000 02214_M_151_152.pdf 15.02.2013, http://www.kfw.de/kfw/de/I/II/Download_Center/Foerderprogramme/versteckter_Ordner_fuer_PDF/600000 2243_M_153.pdf 13.02.2013
[64] http://cdn.heizungsfinder.de/images/solarthermie/kfw-solarthermie-2.jpg am 15.02.2013

Förderung der KfW-Bankengruppe:

Allgemein fördert die KfW-Bankengruppe Maßnahmen, die für das Erreichen eines KfW-Effizienzhaus-Niveaus notwendig sind. Dabei unterscheidet man in sieben verschiedene Niveaus, deren Anforderungen Bezug auf die Regelungen der Energieeinsparverordnung nehmen:[65]

Maximal zulässiger Jahres-Primärenergiebedarf und Transmissionswärmeverlust der KfW-Effizienzhäuser im Vergleich zu einem entsprechenden Referenzgebäude der EnEV09:

KfW-Effizienzhaus	Jahres-Primärenergiebedarf	Transmissionswärmeverlust
40	40 %	55 %
55	55 %	70 %
70	70 %	85 %
85	85 %	100 %

Tabelle 2: Anforderungen der KfW-Effizienzhäuser 40 bis 85[66]

Die in der obigen Tabelle aufgeführten KfW-Effizienzhaus-Standards können allesamt als Energiesparhäuser bezeichnet werden, da sie die Anforderungen der EnEV unterschreiten und somit energieeffizienter als herkömmliche Gebäude sind. Hierbei entspricht ein KfW-Effizienzhaus 55 einem Niedrigenergiehaus mit RAL-Gütezeichen. Das KfW-Effizienzhaus 85 verbraucht zwar 15 % weniger Energie als ein vergleichbarer Neubau und überschreitet den maximalen Transmissionswärmeverlust der EnEV-Neubauten nicht, wird aber aufgrund der einfachen Realisierbarkeit nur bei Altbaumodernisierungen gefördert. Der KfW-Effizienzhaus-Standard 40 hingegen, sei kaum mit einer Sanierung zu erreichen.[67]

---

[65] http://www.energie-sparhaus.de/energiesparen/effizienzhaus am 07.04.2013, W. Feist: Niedrigenergiehäuser, Wissenswerte Grundlagen zur Planung und Funktion in: Energiesparinformationen vom 11.2012, Seite 16, f.

[66] Tabelle erstellt nach: Verbraucherzentrale Bundesverband e.V. (vzbv), Energieteam (2012): Energiesparhäuser, in: Energieberatung, KfW-Bankengruppe, Die KfW-Förderung für ihr Wohneigentum, Frankfurt am Main September 2012, S.8

[67] http://www.energie-sparhaus.de/energiesparen/effizienzhaus/85 am 07.04.2013, http://www.energie-sparhaus.de/energiesparen/effizienzhaus/55 am 07.04.2013, http://www.energie-sparhaus.de/energiesparen/effizienzhaus/40 am 17.02.2013

Maximal zulässiger Jahres-Primärenergiebedarf und Transmissionswärmeverlust der KfW-Effizienzhäuser im Vergleich zu einem entsprechenden Referenzgebäude der EnEV09

KfW-Effizienzhaus	Jahres-Primärenergiebedarf	Transmissionswärmeverlust
100	100 %	115 %
115	115 %	130 %
Denkmal	160 %	-/-

Tabelle 3: Anforderungen der KfW-Effizienzhäuser 100 bis Denkmal[68]

Die in der Tabelle 3 aufgeführten Standards werden nur bei der Sanierung von Altbauten gefördert, da sowohl der Transmissionswärmeverlust, als auch der maximale Jahres-Primärenergiebedarf bei allen drei Typen (außer der Energieverbrauch des KfW-Effizienzhauses 100) größer ist als es für Neubauten gesetzlich vorgeschrieben ist.[69]

Vor Beginn der baulichen Durchführung sind sowohl die geplanten Maßnahmen und der damit ersehnte Effizienzhausstandard mit Antragsstellung durch einen *Sachverständigen* zu überprüfen,[70] als auch ein Antrag an ein Kreditinstitut (Sparkasse, Banken) seiner Wahl zu stellen, da es nach Prüfung der Kreditwürdigkeit die Mittel der KfW-Bank abrufen kann.

Wenn nach Beendigung des (Um-)Bauvorhabens durch einen Sachverständigen nachgewiesen wird, dass das geplante Niveau erreicht wurde bzw. die besprochenen Maßnahmen durchgeführt wurden, erhält man einen Tilgungszuschuss, der je nach Effizienzhausniveau variiert (von 2,5 % bis 17,5 % des Zusagebetrages).[71] Dieser fällt besser aus, wenn die Kennzahl des Effizienzhauses besonders niedrig ist. Zu bemerken ist jedoch, dass der KfW-

---

[68] Tabelle erstellt nach: Verbraucherzentrale Bundesverband e.V. (vzbv), Energieteam (2012): Energiesparhäuser, in: Energieberatung, KfW-Bankengruppe, Die KfW-Förderung für ihr Wohneigentum, Frankfurt am Main September 2012, S.8
[69] http://www.energie-sparhaus.de/energiesparen/effizienzhaus/100 am 07.04.2013
[70] Dieser Sachverständige darf weder in einem Beschäftigungs- oder Gesellschaftsverhältnis zum Antragsteller stehen, noch irgendeinen finanziellen Nutzen aus den vorgesehenen Maßnahmen ziehen. vgl. http://www.kfw.de/kfw/de/I/II/Download_Center/Foerderprogramme/versteckter_Ordner_fuer_PDF/6 000002643_M_151_152.pdf 13.02.2013
[71] Da der KfW-Effizienzhausstandard mit einer Sanierung viel schwieriger zu erreichen ist als mit einem Neubau, ist der Tilgungszuschuss mit 12,5 % um einiges höher als beim Bau eines neuen Gebäudes (nur 5 % des Zusagebetrages).

Effizienzhausstandard 55 mit einer Sanierung viel schwieriger zu erreichen ist als mit einem Neubau und daher der Tilgungszuschuss mit 17,5 % um einiges höher ist als beim Bau eines neuen Gebäudes (nur 5 % des Zusagebetrages).[72]

In den ersten zehn Jahren der Kreditlaufzeit wird ein Teil des Zinssatzes von Bundesmitteln übernommen.[73] Insgesamt stehe für das 2013 ein Betrag von 1,5Milliarden Euro für die die CO_2-Gebäudesanierungsprogramme zur Verfügung, welches aus dem Energie- und Klimafonds bereitgestellt werde.[74]

3.3 Das X-Liter-Haus / 3-Liter-Haus

Der Energiestandard „X-Liter-Haus" wurde Ende der Neunziger Jahre vom Frauenhofer Institut für Bauphysik (IPB) entwickelt.[75] Am geläufigsten ist das „3-Liter-Haus", welches pro Quadratmeter und Jahr einen Primärenergiebedarf von 34 kWh an Heizenergie aufzeigt.[76] Allerdings könne der jeweilige Primärenergiebedarf eines X-Liter-Hauses nur als Orientierungswert angesehen werden, da der Verbrauch von Heizenergie stark vom Heiz-und Lüftungsverhalten der Bewohner, sowie von der Effizienz der Heizungsanlage abhänge.[77]

Der Begriff „3-Liter-Haus" kommt daher, weil in drei Litern Heizöl etwa 34 Kilowattstunden enthalten sind. Doch auch alle anderen Heizsysteme seien mit 3-Liter-Häusern vereinbar, wobei jedoch beachtet werden müsse, dass die angegebenen 3 Liter nicht übertragbar sind, sondern in 11,2 kWh Strom, 7,1

---

[72] http://www.energie-sparhaus.de/energiesparen/effizienzhaus/40 17.02.2013

[73] http://www.kfw.de/kfw/de/I/II/Download_Center/Foerderprogramme/versteckter_Ordner_fuer_PDF/60000 02643_M_151_152.pdf am 17.02.2013

[74] Bundesministerium für Umwelt, Naturschutz und Reaktorsicherheit (BMU): Erneuerbare Energien, Fragen und Antworten, 3. Auflage, Frankfurt am Main 2012, S.18, Bundesministerium für Umwelt, Naturschutz und Reaktorsicherheit (BMU): Die Energiewende, Zukunft made in Germany, Niestetal 2012, S.38

[75] http://www.das-energieportal.de/wohneigentuemer/3-liter-haus/ am 14.02.2013

[76] Unter Primärenergie versteht man den Energiegehalt von Energieträgern (z.B. Gas), die noch nicht umgewandelt wurden. Vgl. Huber et al., Das Niedrigenergiehaus, Ein Handbuch, Mit Planungsregeln zum Passivhaus, Stuttgart 1996, S.140

[77] http://www.bft-sv.de/definition-effizienzhaus.html am 28.03.2013. http://www.energie-sparhaus.de/hausbau/energiesparhaus/3-liter-haus am 24.02.2013

Kilogramm Holz beziehungsweise 2,9 Kubikmeter Gas umgerechnet werden müssen.[78]

3.3.1 Maßnahmen zum Erreichen des 3-Liter-Haus-Standards

Folgende Komponenten sollten zum Erreichen des 3-Liter-Haus-Standards beim Umbau beziehungsweise Bau nicht vergessen werden:

- sehr dicke Außenwand

- sehr gute Dämmung von Dach, Decken und Keller

- „dreifach verglaste Fenster oder Fenster mit eine[r] wärmereflek-tierenden Beschichtung"[79]: Denn durch die Senkung des U-Wertes (am Fenster) um nur 0,1 W/(m²K) könne pro Quadratmeter Fensterfläche ein Liter Heizöl eingespart werden, weil im Durchschnitt 60 % weniger Wärme verloren gehe.

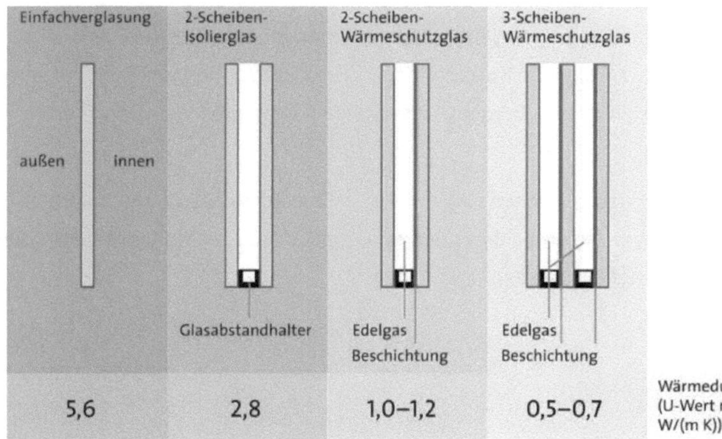

Abbildung 5: Wärmedurchgang bei ein- bis dreifachverglasten Fens-tern[80]

- wärmedämmende Fensterrahmen

---

[78] http://www.energie-sparhaus.de/hausbau/energiesparhaus/3-liter-haus am 24.02.2013,
http://www.immobilienscout24.de/immobiliensuche/ratgeber/3-liter-haus.html am 28.03.2013,
http://www.bft-sv.de/definition-effizienzhaus.html am 28.03.2013
[79] http://www.haus-wohnen-leben.de/2010/das-3-liter-haus-von-viebrockhaus/ am 29.03.2013
[80] http://www.schoener-wohnen.de/bauen/energiesparen/211334-fenster-wann-lohnt-sich-die-sanierun.html am 29.03.2013

- sorgfältige Vermeidung von Wärmebrücken (Wärmebrücken sind Bereiche im Haus, durch die Wärme schneller nach außen gelangt als durch andere Bauteile. Sie können durch Konstruktionsfehler, Ecken, Kanten, Durchdringungen oder Vorsprünge des Gebäudes entstehen und führen zu Wärmeverlusten.[81])
- eine Lüftungsanlage mit Wärmerückgewinnung
- entweder eine energieeffiziente Heizung, eine solarthermische Anlage oder eine Wärmepumpe[82]

Solarthermische Anlagen wandeln die Sonnenenergie direkt in nutzbare Energie um. Hierzu kommen Sonnenkollektoren zum Einsatz. Diese wandeln die einfallende Solarstrahlung mittels eines Absorbers, dessen Wärmeträgermediums entweder Wasser, Luft oder Solarflüssigkeit ist, in Wärme um. Dabei kann ein Wirkungsgrad von bis zu 80% erreicht werden. Um die Wärme für die Brauchwassererwärmung zu nutzen, benötigt man einen Speicher (für ein Einfamilienhaus: ca. 350 Liter). Um einen Sonnenkollektor auch zur Raumheizung einzusetzen, benötigt man einen größeren Speicher von 70 Litern pro Quadratmeter Kollektorfläche. Um die Wärme vom Sommer auch im Winter zu nutzen, braucht man sehr viel größere Speicher und Kollektorflächen.

Man unterscheidet zwischen Absorbern, Flachkollektoren, Vakuumröhrenkollektoren, wobei Absorber den geringsten und Vakuumröhrenkollektoren den höchsten Wirkungsgrad haben.

---

[81] Haas,K.; Der Weg zum Nullenergiehaus, Ein Schritt für Schritt Wegweiser zum Nullenergiehaus, Heidelberg 2009, S.19, Feist, W., Gestaltunggrundlagen Passivhäuser, Darmstadt 2001, S.17
[82] http://www.immobilienmuenchen.finanzwirtschafter.de/1550-das-3-liter-haus-teil-1/ am 29.03.2013 http://www.haus-wohnen-leben.de/2010/das-3-liter-haus-von-viebrockhaus/ am 29.03.2013

3.3.2 Funktionsprinzip

„Die meisten Energiesparhäuser, die [...] [nach dem] 3-Liter-Prinzip aufgebaut sind, verfügen über mehrere **Energiezyklen**":[83]

1. **Sonnenzyklus**: Über die Fester, die zum Süden hinausgerichtet sind, gelangt die Strahlung der Sonne ins Innere und wärmt Böden und Wände auf, wodurch auch die Temperatur der Raumluft ansteigt.
2. **Pufferspeicher**: Dieser ermöglicht eine optimale Speicherung von Wärme, welche an kühleren Tagen, an denen die Sonnenstrahlung nicht ausreicht, benötigt wird. Zudem ist er für die Erwärmung des Wassers zuständig.
3. **Hausatmung**: Eine ständig arbeitende Komfortlüftung befördert überschüssige Warmluft (z.B. aus Bädern oder der Küche) über einen Wärmetauscher nach draußen und gibt Frischluft von außen, welche durch die warme Abluft erwärmt wird, an „Räume mit hohem Anspruch an die Luftqualität" (z.B. im Schlaf- oder Kinderzimmer) ab. An kalten Tagen muss die einströmende Luft zusätzlich erwärmt werden. Hier bietet sich ein Erdwärmetauscher an. Ansonsten kommen auch energieeffiziente Heizungen, Wärmepumpen oder solarthermische Anlagen zu Einsatz.

---

[83] http://www.energiesparhaus-ratgeber.de/energiestandards/was-ist-ein-energiesparhaus-energiestandards-und-energiebedarf-von-hausern-gebauden.php am 27.02.2013

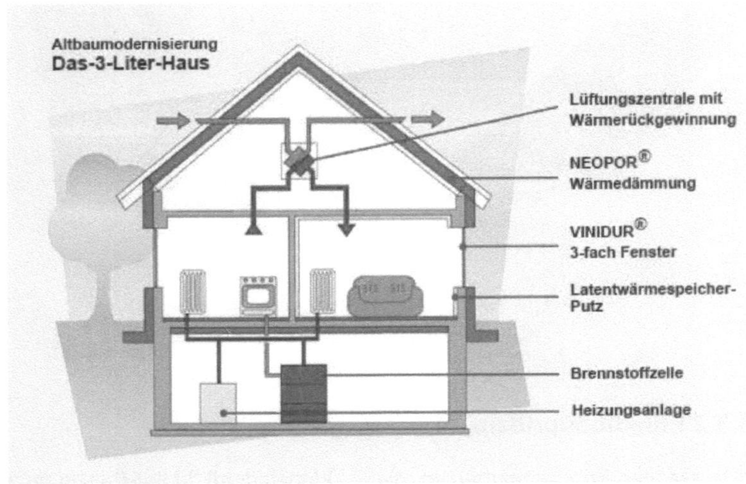

Abbildung 4: Die Atmung eines 3-Liter-Hauses[84]

4. **Heiztage (circa 20-30 Tage im Jahr)**: Im Winter oder an mehreren aufeinanderfolgenden kalten Tagen kommt es vor, dass die Komfortlüftung nicht ausreicht, so dass die Heizung zum Einsatz kommen muss. Ein Vorteil hierbei, gegenüber konventionellen Häusern, ist jedoch die automatische Verteilung der Heizwärme durch die Komfortlüftung.[85]

Die Vorteile des 3-Liter-Haus-Prinzips sind wesentlich geringerer Heizkosten (nur etwa ein Drittel) im Vergleich zu herkömmlichen Häusern und, dass es sich bei sämtlichen Neubauvorhaben und bei fast allen Umbauvorhaben realisieren lässt.[86]

- Etwa 240 bis 260 Euro an Heizkosten jährlich lassen sich dadurch einsparen.

---

[84] http://www.basf.com/group/corporate/de/function/conversions:/publish/content/innovations/pub
lications/innovation-award/2001/images/3-liter-haus_d.jpg am 01.04.2013

[85] http://solarsiedlungaltenberge.jimdo.com/ausstattung-der-solarh%C3%A4user/3-liter-
haus/energiezyklen-des-3-liter-hauses/ am 29.03.2013, http://www.das-
energieportal.de/wohneigentuemer/3-liter-haus/ am 29.03.2013, http://www.energiesparhaus-
ratgeber.de/energiestandards/energiestandards-von-energiesparhausern-x-liter-haus-3-liter-
haus.php am 29.03.2013

[86] http://www.energiesparhaus-ratgeber.de/energiestandards/energiestandards-von-
energiesparhausern-x-liter-haus-3-liter-haus.php am 29.03.2013, http://www.immobilien-und-
bauen.de/3-liter-haus.html am 29.03.2013

3.4   Das Passivhaus

Als Passivhaus bezeichnet man Gebäude, welche aufgrund ihrer ausgefeilten Dämmung (fast) keine Heizung benötigen. Sie werden „passiv" genannt, da sie ihre Wärme aus passiven Quellen gewinnen.[87] Haas erklärt, dass die passive Wärmegewinnung zum einen von außen, in Form von Sonneneinstrahlung und zum anderen von innen, durch die Wärmeabstrahlung von technischen Geräten, Lampen und Menschen stattfinde.[88]

Folgende Kriterien muss jedes Passivhaus erfüllen:

Laut einer Definition vom Passivhaus-Institut Darmstadt, darf ein Passivhaus im Durchschnitt **höchstens 15 kWh/ m^2a an Heizenergie** benötigen (bezogen auf die Wohnfläche).[89]

Der **Primärenergiebedarf** (für Heizung, Warmwasser, Haushaltsstrom und Lüftung) beträgt **maximal 120 kWh/ m^2a.**

Weitere Kriterien sind die **Temperatur**, welche das ganze Jahr über **zwischen 20 und 22°C** liegen sollte und eine **Luftdichtheit von mindesten n_{50}=0,6/h.**[90]

Außerdem muss **stets frische Luft** vorhanden sein, welche bei Hitze nachge-kühlt und bei Kälte nachgewärmt werden kann.[91]

3.4.1 Maßnahmen zum Erreichen des Passivhaus-Standards

Um den Passivhaus-Standard zu erreichen, müssen Wärmeverluste minimiert und passive solare Gewinne maximiert werden. Man unterschiedet bei Wärmeverlusten zwischen dem „Wärmedurchgang durch luftdichte Bauteile in Folge der Wärmeleitung („Transmission") und den Wärmeverlust durch

---

[87] Jürgen Petermann, ENERGIE ZUKUNFT, EFFIZIENZ UND ERNEUERBARE ENERGIEN IM WÄRMESEKTOR, in: BEHNKEN & PRINZ GmbH & Co. KG, Hamburg 2010, S.207 f.
[88] Karl-Heinz Haas, Der Weg zum Nullenergiehaus, in: C.F. Müller Verlag, Heidelberg 2009, S. 19
[89] Petermann,J., ENERGIE ZUKUNFT, EFFIZIENZ UND ERNEUERBARE ENERGIEN IM WÄRMESEKTOR, in: BEHNKEN & PRINZ GmbH & Co. KG, Hamburg 2010, S.208, 209
[90] Luftdichtheit: maximal 0,6-facher Luftwechsel bei 50 Pascal Druckdifferenz.
[91] Karl-Heinz Haas, Der Weg zum Nullenergiehaus, in: C.F. Müller Verlag, Heidelberg 2009, S.17

Luftströmung („Ventilation" genannt)."[92] Die Verringerung dieser Wärmeverluste ist deshalb so wichtig, weil sonst im Winter die Wärmegewinne durch die
schwächere Sonne nicht ausreichen würden, weil ein Teil der Wärme aus dem
Gebäude entweichen kann.

Zum Erreichen des Passiv-Haus-Standards benötigt man keine weiteren
Maßnahmen als die auch schon beim Niedrigenergiehaus angewendet werden.
Jedoch sind eine weitgehende Verbesserung der Bauteile und Anlagen, sowie
deren optimale Kombination erforderlich[93]:

1. **eine sehr gute Wärmedämmung**

   Eine Schlüsselfunktion übernimmt die Wärmedämmung. Mit ihr müssen
   nämlich U-Werte von 0,1-0,2 W/(m²K) aller lichtundurchlässigen Bauteile
   (Außenwand, Dach, Kellerdecke, Wände, Böden) erlangt werden. Im
   Gegensatz zu modernen Neubauten, deren Dämmung nur zwölf bis
   vierzehn Zentimeter beträgt, werden beim Passivhaus Dämmstärken von
   35-40cm unumgänglich.[94]
   Daneben müssen Wärmebrücken weitgehend reduziert werden, da sonst
   zu viel Warmluft über Fugen, Ecken und Ritzen entweichen würde und
   schnell Bauschäden entstehen könnten.[95] Um Wärmebrücken zu
   verringern, versucht man die dämmende Hülle, wenn möglich, nicht zu
   durchbrechen, das Gebäude kompakt und Kanten mit möglichst
   stumpfen Winkeln zu errichten. Doch die Außenhülle muss nicht nur
   lückenlos, sondern auf luftdicht sein, damit keine Wärme verloren gehe
   und man ihm Sommer vor Hitze geschützt sei. Dies werde vor allem
   durch eine einfach ausführbare Planung aller Details, große
   geschlossene Flächen und das Vermeiden von Durchdringungen
   erreicht.[96] Mithilfe des Blower-Door-Tests (Tür-Gebläse-Test) lässt sich
   sich die Luftdichte messen. Diese Messung müsse unbedingt „zu einem
   Zeitpunkt, an dem Verbesserungen an der Gebäudehülle noch „einfach"

---

[92] Feist, W., Gestaltungsgrundlagen Passivhäuser, Darmstadt 2001, S.11
[93] Feist, W., Gestaltungsgrundlagen Passivhäuser, Darmstadt 2001, S.11
http://www.passivhaus-vauban.de/passivhaus.html 10.01.2013

[96] http://www.passiv.de/downloads/05_teil1_konstruktionshandbuch.pdf, am 30.03.2013, Feist,
W., Gestaltungsgrundlagen Passivhäuser, Darmstadt 2001, S.13-25, http://www.baufi-
profi24.de/das-passivhaus.html am 30.03.2013

möglich sind, durchgeführt werden, da bei Nichterreichen des Wertes von mindesten $n_{50}=0{,}6/h$ das Passivhaus-Konzept gefährdet sei.[97]

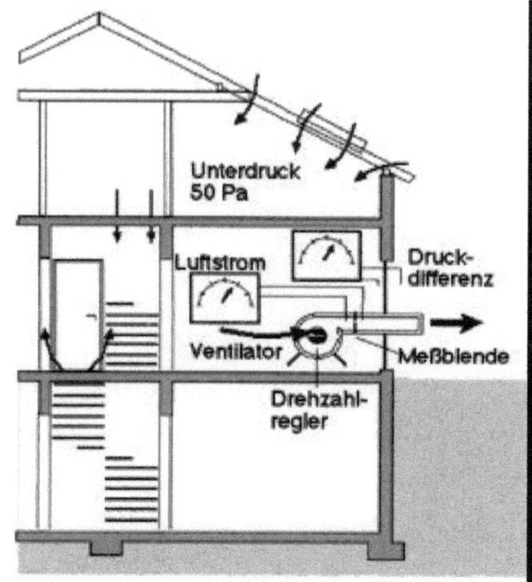

Abbildung 10: Blower-Door-Test als Skizze[98] und Bild des Gerätes[99]

2. besondere Fenster

Ohne den Einsatz von dreifachverglasten Fenstern mit wärmereflektierenden Glasoberflächen, wären Passivhäuser heutzutage im Winter nicht so kostengünstig möglich, denn durch die reflektierenden Schichten wird die an den Gegenständen im Haus in Wärme (Infrarotstrahlung) umgewandelte Strahlung der Sonne durch die Reflektion an den Scheiben im Raum gehalten.

---

[97] Karl-Heinz Haas, Der Weg zum Nullenergiehaus, in: C.F. Müller Verlag, Heidelberg 2009, S.20

[98] http://www.energiepassfuechse.de/uploads/pics/blower-door-test-skizze.gif am 01.04.2013

[99] http://energieausweis-thermografie.com/assets/drgalleries/51/big_k-blower-door-anlage.jpg am 01.04.2013

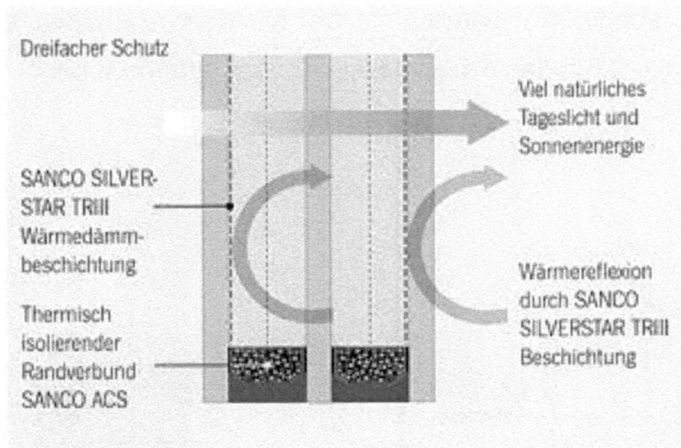

Abbildung 6: Prinzip des von Passivhausfenstern

Zudem führen hochgedämmte Fensterrahmen zu einem deutlich niedrigeren Wärmeverlust. Denn im Gegensatz zu gewöhnlichen Fensterrahmen, welche einen U-Wert 1,5 und 2 W/(m^{2}K) haben, könne durch spezielle hochgedämmte Passivhaus-Rahmen ein U-Wert von 0,7-0,8 W/(m^{2}K) erreicht werden.[100]

Außerdem wird durch Südausrichtung und Verschattungsfreiheit der Fensterflächen, das Ausmaß der Wärmerückgewinnung (=passive solare Gewinne) optimiert. [101]

3. Lüftungssystem

Für ein hygienisches und angenehmes Raumklima im Passivhaus sei eine auf Frischluftbedarf eingestellte Wohnraumlüftung unverzichtbar.

Denn eine hohe Luftqualität könne nur gehalten werden, wenn ein ständiger Austausch zwischen frischer und verbrauchter Luft stattfinde. Da Passivhäuser sehr gut gedämmt und möglichst luftdicht sein müssen und Wärmeverluste durch Stoßlüften vermeiden möchten, reiche „die oft beschworene ‚natürliche Lüftung' durch Ritzen und Fugen" nicht aus, um ihren Frischluftbedarf zu decken.[102]

---

[100] Feist, W., Gestaltungsgrundlagen Passivhäuser, Darmstadt 2001, S.30-31, http://www.passivhaus-vauban.de/passivhaus.html am 29.02.2013, http://www.passivhaustagung.de/Passivhaus_D/luftdicht_06.html am 01.04.2013

[101] http://www.schwenk-putztechnik.de/download/Produkte/PDF/Prospekte/Das-Passivhaus.pdf am 01.04.2013

[102] [102] Feist, W., Gestaltungsgrundlagen Passivhäuser, Darmstadt 2001, S.37-38

Das Lüftungssystem in einem Passivhaus hingegen, bestehe aus zwei Ventilatoren, welche mit Strom betrieben werden müssten und einem Wärmetauscher. Dennoch spare eine Lüftungsanlage 10-20 Mal so viel Energie, wie sie selbst benötige.[103] Außerdem mache sie weder Geräusch, noch komme es zu Zugerscheinungen.[104]

Die Aufgabe des Wärmetauschers sei es, alle zwei Stunden die verbrauchte Luft im gesamten Haus gegen Frischluft einzutauschen. Die einströmende Außenluft werde hierbei durch die warme Verbrauchsluft auf bis zu 95 % der der Raumtemperatur vorgeheizt. So könnten 80 % der Wärmeverluste, welche durch „ ‚natürliche Lüftung' " entständen, vermieden werden.[105]

Nur an sehr kalten oder sehr heißen Tagen, an denen die jeweilige Temperatur der Abluft nicht ausreicht, um die frische Luft entweder vorzuwärmen oder abzukühlen, müsse zusätzlich Energie aufgewendet werden. Oft erfolge dies durch einen vorgeschalteten Erdwärmetauscher. Jedoch seien auch konventionelle Heizmethoden möglich.[106]

---

[103] http://www.architekt-a.de/?Passivhaus:Passivhaustechnik:L%FCftung am 01.04.2013
[104] http://passipedia.passiv.de/passipedia_de/grundlagen/was_ist_ein_passivhaus,

[105] http://www.schwenk-putztechnik.de/download/Produkte/PDF/Prospekte/Das-Passivhaus.pdf am 01.04.2013, Haas, S.37, http://www.passivhaus-vauban.de/passivhaus.html am 01.04.2013
[106] http://www.energiesparen-im-haushalt.de/energie/bauen-und-modernisieren/hausbau-regenerative-energie/passivhaus-bauen/haustechnik-im-passivhaus/pssivhaus-lueftung.html

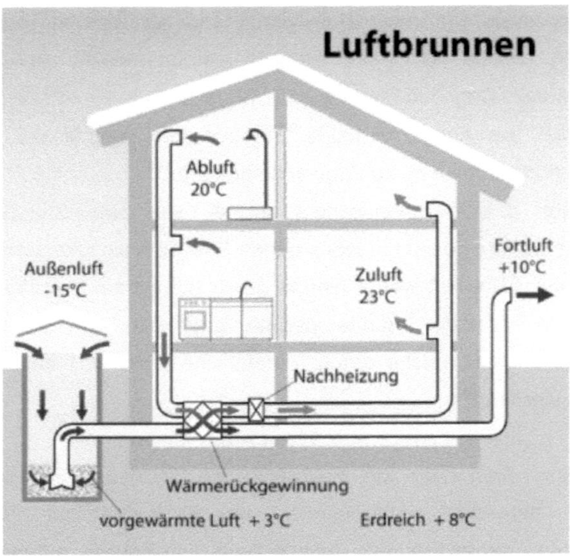

Möglich ist dieses Konzept der „Frischluftheizung" aber nur in einem Haus mit wirklich guter Wärmedämmung. Eben in einem Passivhaus. Für die Experten: Die maximale Transmissionsheizlast muss weniger als 10 W/m² betragen, damit die Frischluft auch die Wärme transportieren kann.

3.4.2 Funktionsprinzip des Passivhauses

Ein Passivhaus benötigt fast keine Heizung, denn es wird durch die Sonne, deren Wärme, aufgrund einer sehr gute Wärmedämmung des Gebäudes (und der reflektierenden Schichten auf den Fensterscheiben) größtenteils im Haus gehalten wird, beheizt. Zusätzliche Wärme liefern die Bewohner und Haushaltsgeräte.

Für frische und vorgewärmte Luft sorgt eine kontrollierte Lüftung mit Wärmerückgewinnung. Diese führt Räumen wie dem Wohn-und Schlafzimmer ständig genauso viel Frischluft zu, dass ein gesundes und behagliches Raumklima herrscht und saugt die gleiche Luftmenge aus Räumen wie der Küche oder dem Bad ab und gibt sie nach draußen ab. Dabei überträgt die verbrauchte Luft im Wärmetauscher bis zu 90 % ihrer

Wärme auf die Zuluft, ohne, dass sich die beiden Luftströme vermischen. Außerdem wird die Zuluft, bevor sie in das Innere des Gebäudes strömt, noch durch einen Filter geleitet, sodass weder Staub, Mücken noch Pollen ins Haus gelangen können.

Wenn bei Feierlichkeiten mehr Menschen im Haus sein sollten, kann die Luftmenge über einen Schalter erhöht werden. Wie oft befürchtet, sei es auch kein Problem, einmal das Fenster oder die Terrassentür zu öffnen. Jedoch sollte man immer bedenken, dass dabei Wärme verloren geht, die dem Gebäude unter Energieaufwand der beiden Ventilatoren der Lüftungsanlage wieder zugeführt werden muss. Bei entsprechenden Außentemperaturen, reicht auch normales Stoßlüften für ein angenehmes und gesundes Wohnklima aus, sodass man kann die Lüftungsanlage abschalten kann.

Im Sommer schützen wärmebrückenfrei installierte Jalousien das Haus vor Überhitzung.

Wenn im Winter konventionelle Haushalte ihre Heizungen aufdrehen, arbeiten in Passivhäusern die Lüftungsanlagen. Bei extrem kalten Temperaturen, an denen die Temperatur der Verbrauchsluft nicht ausreicht, wird die Zuluft durch einen Erdwärmetauscher vorgewärmt.[107] Wenn man es im Winter einmal wärmer als 22 Grad haben wolle, könne man mithilfe von circa zehn Teelichtern die Temperatur eines Raumes auf 26 Grad erhöhen.[108]

Das Brauchwasser wird oftmals durch Solarkollektoren auf dem Dach erwärmt.

---

[107] http://www.architekt-a.de/?Passivhaus:Passivhaustechnik:L%FCftung am 01.04.2013, Petermann,J., ENERGIE ZUKUNFT, EFFIZIENZ UND ERNEUERBARE ENERGIEN IM WÄRMESEKTOR, in: BEHNKEN & PRINZ GmbH & Co. KG, Hamburg 2010, S.207
[108] http://www.youtube.com/watch?v=ElLJlyPrAi0 am 02.04.2013

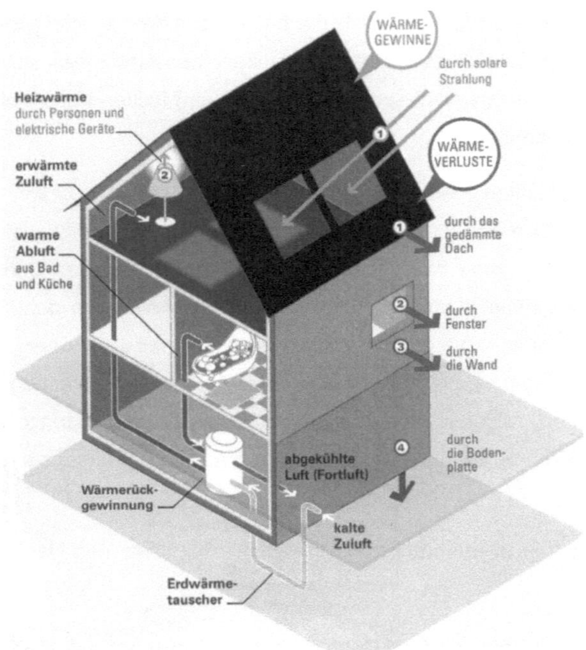

Abbildung 11: Funktionsprinzip eines Passivhauses[109]

3.4.3 Vor- und Nachteile des Passivhaus-Standards

Die Bauweise eines Passivhauses

Im Vergleich zum NEH benötigt ein Passivhaus 80% weniger Heizenergie, im Vergleich zu einem konventionellen Gebäude über 90%. Umgerechnet in Heizöl kommt ein Passivhaus im Jahr mit weniger als 1,5 l pro Quadratmeter aus. Diese sensationelle Einsparung erreicht das Passivhaus allein durch seine beiden Grundprinzipien: Wärmeverluste vermeiden und freie Wärmegewinne optimieren.

---

[109] Petermann,J., ENERGIE ZUKUNFT, EFFIZIENZ UND ERNEUERBARE ENERGIEN IM WÄRMESEKTOR, in: BEHNKEN & PRINZ GmbH & Co. KG, Hamburg 2010, S.207

Geräusche oder Zugerscheinungen entstehen bei fachgerechter Planung und
Ausführung nicht.
Außerdem steigt der Wohnkomfort. Ohne ein Fenster öffnen zu müssen ist im
ganzen Haus zu jeder Zeit angenehm frische (nicht kalte) Luft. Küchengerüche
und Wasserdampf im Bad werden direkt nach draußen geleitet.

Vorteile der Passivhaus-Lüftungsanlage mit Wärmerückgewinnung

- Hygienische Luftverhältnisse, auch bei geschlossenen Fenstern oder
  Windstille
- Schadstoffe, Feuchtigkeit und CO_2 werden abtransportiert
- Sehr gute Luftqualität durch Filter: Pollen und Straßenstaub bleiben
  draußen
- Badezimmer- und Küchengerüche werden nicht durchs Haus getragen
- Verbesserter Schallschutz vor allem nachts, weil die Fenster geschlossen
  bleiben können
- Schimmel und Feuchtigkeitsschäden durch falsche Lüftungsgewohnheiten
  sind bei korrekter Ausführung ausgeschlossen

Vorteile beim Passivhaus

- 90 % weniger Heizkosten als bei unsanierten Altbauten
- Aktiver Umweltschutz: 4.000 kg weniger CO_2-Ausstoß im Jahr als
  herkömmliche Gebäude
- Weitgehende Unabhängigkeit von Preissteigerungen für Energie
- Geringe Nebenkosten für Mieter
- Längere Haltbarkeit der Bauteile durch Luft- und Feuchtigkeitsschutz
- Niedriges Schimmelrisiko (bei korrekter Dämmung)
- Verbesserter Schallschutz durch Dämmung
- Baukosten-Ersparnis, weil keine Heizungsanlage nötig
- Kein Brennstofflager, kein Schornstein nötig
- Keine kalten Wände, keine Zugluft
- Viel Lichteinfall
- Gesundes Raumklima durch Frischluft-Filter
- Aktives Handeln für Klimaschutz

Was sind die Vorteile eines Passivhauses?

- **Verringerung des CO2 Ausstoßes um ~200 - 300% gegenüber einem
  EnEV-Neubau**

- **Keine herkömmliche Heizung notwendig**

- **Kontrollierte Lüftung mit ~90% Wärmerückgewinnung mit Erdwärmetauscher -Immer frische Luft im Haus-**

- **Pollenfreie Luft -Ideal für Allergiker-**

- **Keine Zugluft**

- **Keine Schimmelbildung durch z.B. Neubaufeuchtigkeit**

- **Keine Lärmbelästigung**

- **Sonne als Energielieferant**

- **Im Sommer passive Kühlung des Gebäudes**

- **Geringe Heizkosten -im Alter noch bezahlbar-**

- **Höchster Wohnkomfort bei gutem Bautenschutz**

- **Jede Bauweise ist möglich**

Nachteile Passivhaus

- Evtl. höhere Investitionskosten
- Aufwendige Regulierung der Warmluftströme für einzelne Räume
- Des winters niedrige relative Luftfeuchte
- Schnelles Aufheizen im Sommer oder durch Gäste
- Stromausfall bewirkt Stillstand der Lüftungsanlage
- Motivation der Bewohner ausschlaggebend für Erfolg des Prinzips
- Regelmäßige Kontrolle des Energieverbrauchs unbedingt wünschenswert
- Hohe Fehlerquote bei der Installation der Lüftungstechnik

Nachteil sind die höheren Baukosten, die sich erst im Laufe der Zeit aufgrund eingesparten Energiekosten amortisieren. Das IWU rechnet dabei etwa mit 20 Jahren bei 5% Teuerungsrate für Energie. Legt man die aktuellen Heizölkosten zu Grunde, spart ein Passivhaus im Vergleich zum aktuellen Standardhaus nach der EnEV in zehn Jahren allein 9.000 Euro an Heizölkosten.

3.5. Verschiedene Gebäudetypen mit Passivhausstandard

Jeder Neubau könne als Passivhaus realisiert werden.

Auch bestehende Gebäude müssen auf die Vorteile des Passivhaus-Konzeptes nicht verzichten. Die Aufgabe, einen Altbau energieeffizient zu sanieren, unterscheidet sich vom energiesparenden Neubau dadurch, dass die vorgefundene Substanz des Altbaus eine wichtige Rolle spielt. Die alte Substanz bleibt erhalten und wird durch Einsatz moderner Prinzipien zum

Passivhaus. Beispiele zeigen, dass Energieeinsparungen zwischen 75 und 90%
bei einer Sanierung mit Passivhaus-Komponenten durchaus zu erreichen sind.

Warum ist luftdichtes Bauen so wichtig?
Luftdichtes Bauen wirkt sich aus folgenden Gründen positiv auf Ihre
Wohnqualität aus:

- Reduzierung der Energieverluste
- Wärmeschutz für die heißen Tage
- Vermeidung von Zuglufterscheinungen
- Sicherstellung des Schalldämmmaßes von Bauteilen
- Verhinderung des Eindringens von Luftschadstoffen in die Raumluft
- Vermeidung von Tauwasser in der Konstruktion
- Vorbeugung von Schimmelbildung

**Die entscheidenden Schritte zur Energieeinsparung bei bestehenden
Gebäuden sind:**
- sehr gute Wärmedämmung
- Wärmebrücken weitgehend reduzieren
- Luftdichtheit erreichen
- Lüftung mit Wärmerückgewinnung
- Warmfenster und
- innovative Haustechnik.
  http://www.das-

  energieportal.de/wohneigentuemer/passivhaus/passivhaus-im-

  altbau/

3.6   Kosten zum Erreichen des Passivhausstandards

Bei einem durchschnittlichen Reihenhaus mit Baukosten in Höhe von 100.000
Euro belaufen sich die Kosten der Mehrinvestition auf etwa 8% der Baukosten,
sprich, auf 8.000 €.

Förderungen für Passivhäuser

Auch bieten die KfW sowie zahlreiche Bundesländer und Gemeinden
Förderungen sowie zinsgünstige Kredite. Die KfW fördert mit dem Programm
"Ökologisches Bauen" demnach Häuser, deren Jahres-Primärenergieverbrauch
nicht mehr als 40 kWh pro Quadratmeter Nutzfläche beträgt. Der Jahres-
Heizwärmebedarf darf zudem 15 kWh pro Quadratmeter Wohnfläche nicht
überschreiten.

Passivhäuser machen sich bezahlt - und dabei wird der Zusatznutzen,
nämlich gute Luftqualität und die individuelle thermische Behaglichkeit, nicht mit

einberechnet. Die Kosten für die oben aufgeführten Mehrinvestitionen in die verbesserte Bau- und Haustechnik liegen in der Summe bei unter 5 Cent/kWh und sind damit günstiger als der Zukauf von Energie zu heutigen Marktpreisen. Künftige Energiequellen liefern die Kilowattstunde generell zu höheren Preisen - das gilt für Wind-, Solar- und Biomasseenergie. Es ist sinnvoll, die bestehenden Möglichkeiten für eine erheblich bessere Energieeffizienz auszunutzen - so wie es Passivhäuser tun.

http://www.schwenk-putztechnik.de/download/Produkte/PDF/Prospekte/Das-Passivhaus.pdf

http://passipedia.passiv.de/passipedia_de/grundlagen/was_ist_ein_passivhaus

http://www.das-energieportal.de/wohneigentuemer/niedrigenergiehaus/

http://www.baufi-profi24.de/das-passivhaus.html Passivhaus

http://www.google.de/imgres?um=1&hl=de&biw=1517&bih=741&tbm=isch&tbnid=bQlrNDH2S0J9iM:&imgrefurl=http://www.baumarkt.de/nxs/6996///baumarkt/schablone1/-3-Liter-Haus-oder-Effizienzhaus-was-bedeutet-das&docid=PwXQjE9VYXrApM&imgurl=http://devel.pw-internet.de/images/cms/okal-3lhaus.jpg&w=250&h=165&ei=J4hVUYmTPMjAswanjlGgCg&zoom=1&iact=rc&dur=4&page=1&tbnh=131&tbnw=200&start=0&ndsp=28&ved=1t:429,r:24,s:0,i:156&tx=66&ty=126 Übersicht

http://www.energiesparen-im-haushalt.de/energie/bauen-und-modernisieren/hausbau-regenerative-energie/passivhaus-bauen/vorteil-passivhaus-nachteile.html

http://www.passiv.de/downloads/05_teil1_konstruktionshandbuch.pdf

http://www.btec-rosenheim.de/downloads/Altbausanierung.pdf

http://www.passivbau.net/content.php?item=702&&NXTSTPID2=9457b85e290096907ba28474c5661a1e Kosten

Null- und Plusenergiehäuser

Ein Nullenergiehaus deckt den eigenen Energiebedarf selbst ab, Plusenergiehäuser erzeugen sogar mehr Energie als sie verbrauchen. Eine gute Voraussetzung ist, das Gebäude im

Passivhausstandard zu errichten, da der Eigenbedarf dann extrem niedrig ist. Während im Passivhaus allerdings durch den Verzicht auf ein aktives Heizsystem die Anlagentechnik reduziert wird, erreicht ein Plusenergiehaus genau dadurch seine positive Energiebilanz. Die benötigte Energie kann durch Fotovoltaikanlagen, eine thermische Solaranlagen, Erd- oder Wasserwärmepumpen oder ein Mini-Windrad erzeugt werden.
http://www.oekologisch-bauen.info/hausbau/energiestatus/niedrigenergiehaus.html